FARIDA ALLAL
FATIMA ZOHRA HELIFA
KHADIDJA LAMRI

Co-cristais de metronidazol

FARIDA ALLAL
FATIMA ZOHRA HELIFA
KHADIDJA LAMRI

Co-cristais de metronidazol

ScienciaScripts

Imprint

Cover image: www.ingimage.com

This book is a translation from the original published under ISBN 978-620-6-71730-0.

Publisher:
Sciencia Scripts
is a trademark of
Dodo Books Indian Ocean Ltd. and OmniScriptum S.R.L publishing group

120 High Road, East Finchley, London, N2 9ED, United Kingdom
Str. Armeneasca 28/1, office 1, Chisinau MD-2012, Republic of Moldova, Europe
Managing Directors: Ieva Konstantinova, Victoria Ursu
info@omniscriptum.com

Printed at: see last page
ISBN: 978-620-8-57890-9

INTRODUÇÃO

As infecções bacterianas são causadas por uma grande variedade de microrganismos e são a causa de algumas das doenças mais fatais e de epidemias generalizadas. Foi desenvolvido um grande número de antibióticos para as tratar, mas, infelizmente, a sua utilização excessiva levou ao aparecimento de multirresistência bacteriana, que se tornou um problema de saúde pública, nomeadamente com o aumento das doenças infecciosas difíceis de tratar. Ao mesmo tempo, a descoberta e o desenvolvimento de novos antibióticos abrandou consideravelmente e os medicamentos de que dispomos atualmente estão a tornar-se cada vez mais ineficazes. Este enorme fosso entre as necessidades terapêuticas e o número real de novos medicamentos preocupa os investigadores em galénica e levou-os a encontrar estratégias inovadoras para combater o aparecimento de bactérias resistentes, com o objetivo de eficácia terapêutica através do aumento da biodisponibilidade do ingrediente ativo, minimizando o risco de aparecimento de estirpes resistentes e prevenindo a reinfeção (S. As estratégias mais frequentemente utilizadas para melhorar o efeito terapêutico e a atividade antibacteriana dos princípios farmacêuticos activos passam pela exploração das suas formas sólidas, nomeadamente polimorfos, solvatos/hidratos, sais e co-cristais. Entre estas diferentes abordagens consideradas para remediar o problema da resistência bacteriana, a estratégia de co-cristalização de antibióticos com coformadores parece ser uma solução promissora para melhorar as propriedades físico-químicas, inibir a resistência e aumentar a atividade antibacteriana (K Zheng et al, 2019). É neste contexto que se insere esta tese, cujo principal objetivo é contribuir para a procura de soluções para combater a resistência bacteriana aos antibióticos, através da co-cristalização de um princípio ativo amplamente utilizado no tratamento de infecções anaeróbias e no tratamento de pacientes que sofrem de infecções causadas por Trichomonas. Trata-se do metronidazol, um antibiótico pertencente à família dos 5-nitroimidazóis, sob a forma de cocristal, composto por uma combinação do antibiótico com um coformador, que melhora as suas propriedades físico-químicas, aumenta a sua solubilidade e o seu efeito antibacteriano e restaura a sensibilidade bacteriana (A Thayyil et al, 2020). A escolha do coformador baseia-se, portanto, na sua estrutura química, na presença de grupos funcionais, dadores e aceitadores de protões, capazes de estabelecer interações intermoleculares não covalentes, como as ligações de hidrogénio, as forças de Van Der Waals, etc. e as interações π-π (M Singh et al,2023). Os diferentes cofactores escolhidos são a arginina, a prolina a leucina, a nicotinamida e o paracetamol. Para responder a todos estes objectivos, esta tese foi dividida em três capítulos: O primeiro capítulo apresenta um resumo bibliográfico, explicando o conceito de co-cristalização, as suas vantagens e alguns dos trabalhos citados na literatura que conduziram a resultados promissores no domínio da melhoria das propriedades físico-químicas e do efeito antibacteriano dos antibióticos. O segundo capítulo descreve o equipamento utilizado, os protocolos experimentais de síntese e caraterização, realizados com recurso a várias técnicas, nomeadamente a calorimetria diferencial de varrimento (DSC), a difração de raios X de pó (PXRD), a microscopia eletrónica de varrimento (SEM) e o infravermelho com transformada de Fourier (FTIR). Os resultados mais significativos deste trabalho e as possíveis perspectivas futuras são resumidos na conclusão geral.

CAPÍTULO I
BIBLIOGRAFIA RESUMIDA

I. Introdução

A administração oral de medicamentos é preferida devido às suas muitas vantagens, tais como a facilidade de utilização, a ausência de dor aquando da administração, a redução do risco de infeção e os custos de produção, que são frequentemente inferiores aos de outros tipos de administração.

No entanto, os constrangimentos associados à fisiologia desta via, que obriga à passagem do mesmo por várias barreiras, tais como, a cavidade oral, o estômago e o intestino, dão origem a vários problemas durante as etapas farmacocinéticas (S. Aitipamula et al, 2012). Estes problemas estão relacionados com a possibilidade de degradação enzimática do fármaco, má solubilidade, o que coloca um grande problema, relativamente à sua dissolução, absorção e consequentemente, biodisponibilidade (D. Bučar et al, 2013). De facto, uma boa solubilidade na água e nos fluidos corporais humanos, é uma condição indispensável para que um princípio ativo seja terapeuticamente eficaz. Isto é particularmente crucial para a administração oral de medicamentos. No entanto, as novas moléculas de princípios activos estão a tornar-se cada vez mais complexas e, por conseguinte, menos solúveis e menos biodisponíveis na corrente sanguínea. Para responder a este problema, é essencial que os investigadores em galénica avaliem todas as possibilidades de melhorar a solubilidade e de desenvolver formulações adequadas, através do desenvolvimento de novas estratégias (**figura I.1**). A (1ª) estratégia baseia-se em modificações físicas do estado cristalino e na redução do tamanho dos cristais (S. Aitipamula et al, 2012). A 2ª abordagem baseia-se em modificações químicas, tais como a formação de sais mais solúveis em água a partir de um ingrediente ativo pouco solúvel em água, a dispersão molecular do ingrediente ativo numa matriz polimérica, o desenvolvimento de nanopartículas, micro e nanoemulsões, a formação de solvatos e a formação de co-cristais. É nesta última abordagem que se centra o presente trabalho (J. Bauer et al, 2001).

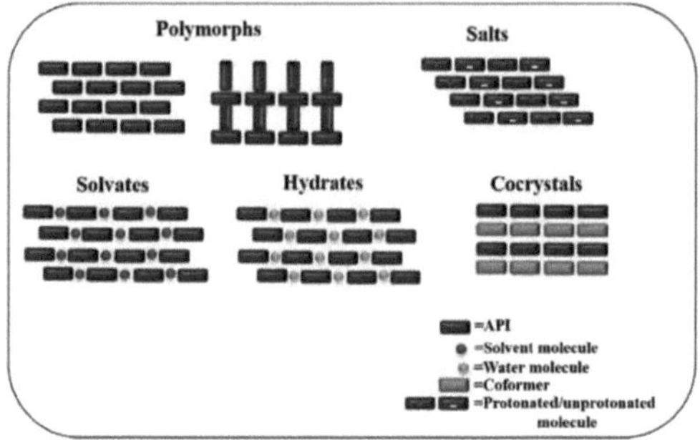

Figura I.1. Diferentes formas sólidas de ingredientes farmacêuticos activos (E. Korotkovaa, et al 2014).

I.1. Cocristalização

Na indústria farmacêutica, a co-cristalização de um ingrediente ativo é uma alternativa à formação de sais, uma vez que é suscetível de envolver um maior número de moléculas do que os sais. A co-cristalização é um processo útil e original para melhorar a biodisponibilidade e a velocidade de dissolução dos fármacos. Trata-se da interação AP/coformador, conduzindo a uma estrutura cristalina constituída por pelo menos dois constituintes (D. Bučar et al, 2013). Resulta numa modificação das propriedades físico-químicas dos princípios activos, conduzindo a um fármaco com atividade molecular intrinsecamente estável (R. Banerjee et al, 2005).

I.2. Cocristais

Os co-cristais são sólidos cristalinos monofásicos constituídos por dois ou mais compostos moleculares e/ou iónicos numa relação estequiométrica, dos quais não são nem solvatos nem sais (R. Banerjee et al, 2005). A sua estrutura cristalina é diferente da das moléculas iniciais. Isto afecta diretamente a solubilidade de um determinado sólido em solução, o que torna o fármaco biodisponível no organismo e pode, por conseguinte, ser administrado através de técnicas convencionais (P. Billot et al, 2013). Os co-cristais farmacêuticos são, portanto, compostos por um API e um agente co-cristalizante (coformador), geralmente um pequeno composto orgânico, que pode ser outro fármaco ou uma molécula não tóxica (Biscaia et al., 2021). Os cocristais são mantidos por heterossínteses supramoleculares, ocorrendo entre os grupos funcionais, neste caso ácido carboxílico, nitrogênio aromático, amida e álcool, através de interações de natureza não covalente, como ligação de hidrogênio, forças de Van der Waals, contatos lipofílicos e interações π····π (A. Thayyil et al, 2020).

I.3. Métodos de preparação de co-cristais

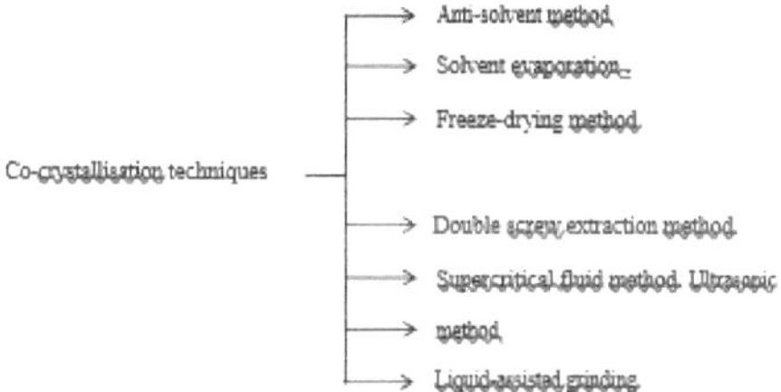

EsquemaI.1. Métodos para a preparação de cocristais (M. Singh et al, 2023).

I.4. Princípio ativo

Um princípio ativo é uma substância contida num medicamento. No entanto, a maior parte dos princípios activos actuais são preparados por síntese química ou semi-síntese a partir de substâncias naturais (J. Dangoumau et al, 2006).

Quadro I.2: Exemplos de alguns medicamentos e respectivos princípios activos (Original, 2023).

Nome do medicamento	Ingrediente(s) ativo(s)
Efferalgan Flagyl Biofenac	Paracetamol Metronidazol Diclofenac sódico

I.5. Coformador

Um componente que interage de forma não iónica com o API na estrutura cristalina, que não é um solvente (incluindo água) e que é geralmente não volátil. A seleção do coformador desempenha um papel importante na escolha dos atributos finais do cocristal. Os coformadores têm a capacidade de modular a estabilidade e a solubilidade do API quando preparado como um cocristal, induzindo alterações na sua estrutura cristalina. Factores como o tipo de grupo funcional, o pKa, a sua forma física e o tamanho molecular devem ser tidos em conta na formação do cocristal. A utilidade dos produtos químicos como coformadores depende da capacidade das moléculas para estabelecerem ligações de hidrogénio com o API. De acordo com a regra de Etter, a ligação de hidrogénio é formada se bons dadores e aceitadores de protões participarem na formação desta ligação (M. Singh et al, 2023).

I.6. Bactérias

As bactérias apresentadas na **figura I.2** são microrganismos unicelulares. São capazes de se reproduzir de forma autónoma, ao contrário dos vírus, que precisam de sequestrar a maquinaria de uma célula para se reproduzirem. As bactérias variam em tamanho de 1 a 10 µm e pesam entre 10-12 gramas. Podem ser encontradas em todo o lado. Como procarionte, a estrutura da célula é simples. O volume interno, chamado citoplasma, é delimitado pela membrana plasmática. A membrana controla o fluxo de nutrientes para dentro e para fora da bactéria e serve de suporte a certas enzimas. Este volume é contínuo e geralmente não contém estruturas secundárias complexas. Todas as reacções químicas que constituem fontes de energia ou que permitem a manutenção e a multiplicação da bactéria têm lugar no citoplasma. Podem, no entanto, estar localizadas, por exemplo, na membrana. As bactérias não possuem um núcleo delimitado por uma membrana para isolar o material genético. A informação genética é transportada pelo ácido desoxirribonucleico (ADN). Este ADN está reunido sob a forma de um ou mais cromossomas. A estrutura destes cromossomas é uma dupla hélice de ADN circular enrolada por superenrolamento. Para além da membrana citoplasmática ou plasmática, as bactérias têm uma parede constituída por peptidoglicano. Esta assegura a coesão mecânica da célula. Algumas bactérias têm apenas uma parede espessa e complexa. Esta permanece permeável à coloração de Gram e as bactérias correspondentes são conhecidas como Gram-positivas. Outras bactérias têm uma parede de peptidoglicano mais simples e, acima de tudo, uma parede celular mais espessa e complexa. membrana externa. A membrana externa é impermeável ao corante de Gram, e as bactérias com esta estrutura são Gram-negativas.

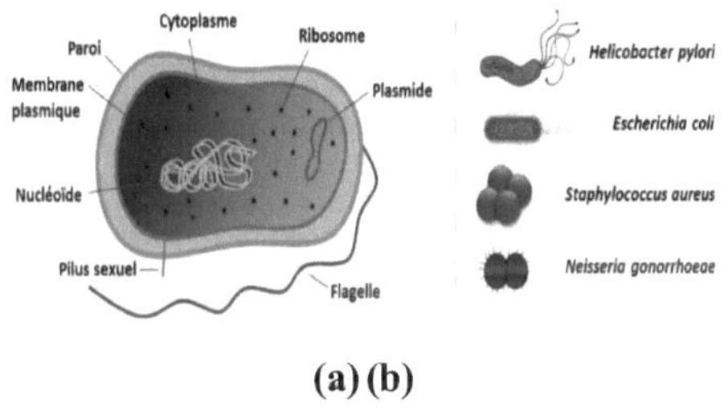

(a) (b)

FiguraI.2. Representação da composição de uma bactéria (a). Representação das diferentes morfologias das bactérias mais conhecidas (b) (M.Bousekraoui, 2017).

I.7. Antibióticos

Os antibióticos são agentes antibacterianos naturais de origem biológica, produzidos por fungos e/ou várias bactérias. No entanto, alguns são produzidos sinteticamente e muitos são derivados semi-sintéticos preparados por modificação química de produtos naturais. Alguns podem atuar sobre a maioria das espécies patogénicas Gram-positivas e Gram-negativas e são conhecidos como "de largo espetro", enquanto outros têm uma ação mais limitada (antibióticos para bactérias Gram-positivas ou Gram-negativas), ou mesmo um espetro muito estreito (antiestafilococos, antituberculose).

Os antibióticos têm a vantagem de, ao atingirem o seu alvo, destruírem uma estrutura especificamente bacteriana, actuando a diferentes níveis dessa estrutura. Os antibióticos com uma estrutura química de base idêntica, que lhes confere o mesmo mecanismo de ação antibacteriana, são classificados na mesma família, mas podem ser diferenciados pelo seu espetro de atividade. Distinguimos entre :

• Antibióticos que inibem a síntese de peptidoglicanos: como os β-lactâmicos

• Antibióticos activos nos envelopes membranares, como as gramicidinas.

• Antibióticos inibidores dos ácidos nucleicos: como as rifamicinas, as quinolonas e os imidazóis.

• Antibióticos que inibem a síntese proteica: como as tetraciclinas,

• Antibióticos inibidores da síntese de folatos: família das sulfonamidas e das 2-4-diaminopirimidinas.

Neste trabalho, centrámo-nos no Metronidazol (MTZ). Trata-se de um antibacteriano sintético derivado da azomicina, um nitroimidazol produzido pelos géneros Actinobacteria e Proteobacteria. Este ingrediente ativo foi utilizado pela primeira vez em 1960 para tratar a tricomoníase, uma infeção causada pelo protozoário Trichomonas vaginalis. Além disso, o metronidazol tem sido utilizado com sucesso no tratamento da disenteria e do excesso de produção hepática causados pelo parasita intestinal Entamoeba histolytica. Também tem sido eficaz contra a Giardialamblia, outro parasita intestinal que causa má absorção, dor epigástrica e certas infecções bacterianas anaeróbicas. O principal órgão responsável pelo metabolismo do metronidazol é o fígado, onde é hidroxilado, acetilado e/ou conjugado a glucurónidos. Por fim, a maioria dos resíduos metabólicos é excretada pelos rins (A. Hernández Ceruelos et al, 2019).

É importante mencionar o sistema de classificação biofarmacêutica (BCS) quando se discute a solubilidade e a permeabilidade dos fármacos. O SBC divide os fármacos em quatro classes com base nas propriedades de solubilidade e permeabilidade, incluindo a Classe I (alta solubilidade e permeabilidade), a Classe II (baixa solubilidade e alta permeabilidade), a Classe III (alta solubilidade e baixa permeabilidade) e a Classe IV (baixa solubilidade e permeabilidade), que relaciona as propriedades físico-químicas dos fármacos com a biodisponibilidade oral. A baixa solubilidade e/ou permeabilidade impede a absorção e a biodisponibilidade destes fármacos das classes II, III e IV (Z. Wang et al, 2022). Uma vez que é extremamente solúvel e permeável, o metronidazol pertence à classe I do SCB (C. Rediguieri et al, 2011).

I.8. Mecanismo de ação do metronidazol

O metronidazol difunde-se por todo o corpo, inibindo a síntese proteica ao interagir com o ADN, causando uma perda da estrutura helicoidal do ADN e quebras de cadeia. O mecanismo de ação do metronidazol envolve um processo em quatro fases. A primeira fase consiste na entrada no organismo por difusão através das membranas celulares dos agentes patogénicos anaeróbios e aeróbios. No entanto, os efeitos antimicrobianos são limitados aos anaeróbios. A segunda fase envolve a ativação redutora por proteínas de transporte intracelular, modificando a estrutura química da piruvato-ferredoxina oxidase-canalase. A redução do metronidazol cria um gradiente de concentração na célula, levando à absorção de mais fármaco e promovendo a formação de radicais livres citotóxicos. A terceira fase, interações com alvos intracelulares, é conseguida através da interação das partículas citotóxicas com o ADN da célula hospedeira, resultando em quebras da cadeia de ADN e na desestabilização fatal da hélice de ADN. A quarta etapa consiste na decomposição dos produtos citotóxicos (N. Kaakoush et al, 2009).

I.9. Atividade antibacteriana dos co-cristais

Embora existam poucas publicações sobre a atividade antimicrobiana envolvendo cocristais, é necessário um estudo aprofundado sobre a utilização da cocristalização para remediar a resistência bacteriana através da modificação das caraterísticas do ingrediente ativo (M.Bashimam, H.El- Zein, 2022).

Existem quatro tipos de resistência bacteriana aos antibióticos:

• Inativação enzimática pela secreção de uma enzima.

• Efluxo ativo.

• Modificação do objetivo.

• Permeabilidade reduzida (porinas) ao antibiótico.

I. 10 Trabalho anterior

Uma revisão da literatura permitiu-nos resumir os poucos trabalhos anteriores realizados sobre a co-cristalização do metronidazol, com o objetivo de aumentar o seu efeito antibacteriano contra vários microrganismos. J. P. F. Whelan et al testaram a atividade antibacteriana do MTZ contra estirpes de Bacteroides fragilis isoladas de lesões humanas utilizando o método de diluição em ágar sangue. Verificou-se que o metronidazol era ativo contra estirpes de Bacteroides fragilis isoladas de lesões humanas. A concentração inibitória mínima (CIM) e a concentração bactericida mínima (CBM) são equivalentes, variando entre 0-16 e 2-5 µg/ml (J. Whelan et al, 1973).Hachem C.Y et al determinaram a concentração inibitória mínima (CIM) de ampicilina, claritromicina e metronidazol contra 122 isolados clínicos de Helicobacter pylori utilizando microdiluição e difusão em disco (teste E). Foi obtida uma correlação completa entre os resultados dos dois métodos na presença de ampicilina e claritromicina. Contudo, os testes com metronidazol mostraram diferenças nas CIM obtidas pelos dois métodos utilizados, com valores de 8 e 32µg/ml, obtidos por microdiluição e difusão, respetivamente (C. Hachem et al, 1996). Um estudo efectuado por J. Li et al. analisou a possibilidade de melhorar a biodisponibilidade do MTZ utilizando um novo cocristal, combinando-o com galato de etilo como coformador. Os resultados obtidos mostraram que o cocristal sintetizado tem uma solubilidade mais elevada do que o PA puro, levando a uma dissolução mais rápida e a uma maior biodisponibilidade. Além disso, o cocristal de MTZ-EG é fisicamente estável em água durante pelo menos 24 horas. A sua solubilidade melhorada e estabilidade no estado sólido durante a dissolução tornam-no um candidato adequado para um maior desenvolvimento numa forma de dosagem sólida oral com melhor desempenho biofarmacêutico (J. Li et al, 2021).K. Zheng et al (2019) desenvolveram, caracterizaram e avaliaram a cristalização in vitro e in vivo do ácido gálico ácido-metronidazol de acordo com o seguinte protocolo experimental: A uma solução aquosa agitada (20 mL) contendo MTZ (0,8558 g, 5 mmol) a 70ºC, uma solução aquosa (10 mL) de GA-H_2O (0,9407 g, 5 mmol) foi adicionada gota a gota. A cor da solução mudou de incolor para amarelo com a adição de GA-H_2O. Após agitação da reação durante 1 H, a solução resultante foi filtrada e seca no vácuo. Os resultados obtidos mostraram o efeito da co-cristalização na melhoria das caraterísticas farmacocinéticas dos fármacos. O estudo de síntese experimental foi combinado com a modelação da estrutura e propriedades dos fármacos para fornecer uma nova abordagem metodológica para o desenvolvimento de novos cocristais de fármacos, contribuindo para o desenvolvimento de novas formas sólidas e formulações com melhor desempenho (K. Zheng et al, 2019). K. Zheng et al (2020) sintetizaram um novo cocristal do fármaco antimicrobiano MTZ na presença de um composto natural, PYR. O cocristal formado foi caracterizado por difração de raios X, análise térmica, UV-vis e FTIR. Os resultados da dissolução in vitro mostraram que o cocristal MTZ-PYR tem uma taxa de dissolução mais elevada do que o MTZ puro em condições ácidas e neutras (K. Zheng et al, 2020). Beena et al sintetizaram cocristais de metronidazol/triazol e avaliaram a sua atividade antibacteriana. Os resultados mostraram efeitos antibacterianos potentes a baixas concentrações contra bactérias gram-positivas e gram-negativas em comparação com um antibacteriano de referência (Beena et al, 2009).

CAPÍTULO II

EXPERIMENTAL

II.1 Introdução

O objetivo deste trabalho é sintetizar e caraterizar novas moléculas antibacterianas, baseadas em princípios activos de medicamentos e moléculas orgânicas, que actuam como coformadores, e testar a sua capacidade de combater estirpes bacterianas, em particular as resistentes aos antibióticos padrão. O princípio ativo utilizado neste trabalho é o metronidazol. Este foi misturado com vários coformadores escolhidos pela sua estrutura química, contendo vários heteroátomos capazes de estabelecer interações com os grupos funcionais dadores e aceitadores de protões do metronidazol. Apresenta-se de seguida um diagrama sumário do procedimento experimental seguido:

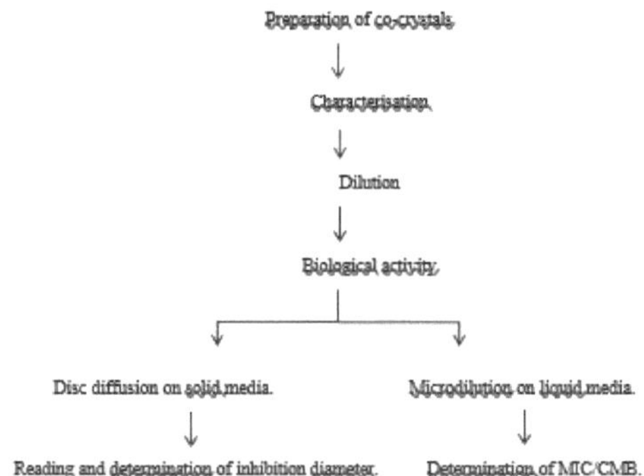

DiagramaI.2. Diagrama resumido do procedimento experimental seguido.

II.2 Materiais e métodos

II. 2.1. Produtos químicos utilizados

Os produtos químicos utilizados, enumerados nos quadros II.1, não foram objeto de qualquer purificação posterior.

TabelaII.1. Produtos químicos utilizados e respetivas propriedades.

	Fórmula bruta	Peso molecular (g/mol)	Pureza (%)	Fonte
Metronidazol	C6H9O3N3	171.16	99	Alfa Aesar
Paracetamol	C8H9NO2	151.16	98	Alfa Aesar
Nicotinamida	C6H6NO2	122,12	99	Biochempharma
L-Leucina	C6H13NO2	131.17	98	Sigma-Aldrich
L-Prolina	C5H9NO2	115.13	98	Sigma-Aldrich
L-Arginina	C6H14N4O2	174.20	98	Sigma-Aldrich

As propriedades físico-químicas dos produtos utilizados neste trabalho são apresentadas na (**tabelaII.2**).

TabelaII.2. Propriedades físico-químicas dos produtos químicos utilizados.

Estrutura	Número de dadores de ligações de hidrogénio	Número de aceitadores ligação hidrogénio	PKa	Solubilidade	Condição física	Ponto de fusão
Metronidazole				Muito solúvel em água,		
	1	4	2.38	solúvel em etanol, éter e clorofórmio; solúvel em ácidos diluídos; moderadamente solúvel em dimetilformamida	Pó cristalino branco a amarelo pálido	160 °C
Nicotinamide				Muito solúvel em água 1 g solúvel em 1 mL de água		
	1	2	3.35		Pó branco	128 °C
				Solúvel em butanol, clorofórmio		

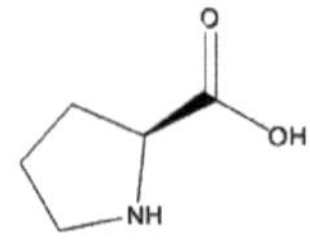 Proline	2	3	1.99/10.60	Muito solúvel em água Solúvel em etanol, acetona e benzeno; insolúvel em éter e propanol	Pó branco seco	221 °C
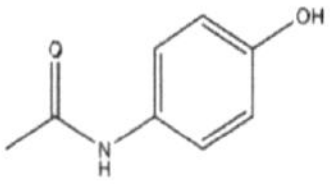 Paracetamol	2	2	9.38	Solúvel em água ebulição Solúvel em álcool, metanol, etanol, acetona, acetato de etilo, éter, Insolúvel em éter de petróleo, pentano, benzeno	Pó branco	169 °C
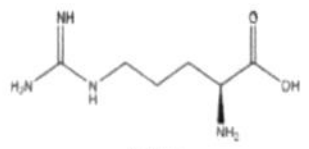 Arginine	4	4	2.24	Solúvel em água Insolúvel em éter etílico	Pó branco	223 - 224 °C
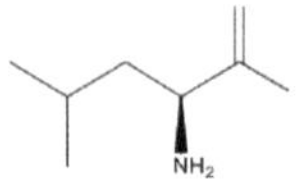 O OH Leucine	2	3	2.35	Solúvel em água Solúvel em ácido Etanol acético	Pó branco	286

II.2.2. Microrganismos testados

Os microrganismos selecionados para este estudo, resumidos no **quadro II.3**, são estirpes de referência.

TabelaII. 3. Informações gerais sobre as estirpes bacterianas utilizadas (M.Bouskraoui et al, 2017).

Estirpe bactérias testadas	Carácter bacteriológico	Habitats	Patogenicidade	Referência
Staphylococcus aureus	Gram+ anaeróbio facultativo	O homem é o principal contaminar as superfícies, ar e água.	Infecções Infecções supurativas superficiais ou profundas: pele, tecidos moles, músculo, osso. Toxiinfecção: devido à síntese de diferentes toxinas por determinadas estirpes.	ATCC 25923
Echerichia coli	Gram - Opcional anaeróbio	Hospedeiro normal do trato digestivo.	Infecções enterocólicas, infecções do trato urinário, intoxicação alimentar, infecções intra-abdominais, infecções neonatais (meningite).	ATCC 25922
Pseudomonas aeroginosa	Gram - Anaeróbio	bactéria, fonte de infecções nosocomiais de origem exógena e de origem endógena.	Infecções comunitárias: oculares, otorrinolaringológicas, cutâneas. Infecções associadas aos cuidados de saúde: pneumonia, infecções do trato urinário, infecções pós-operatórias.	ATCC 27853
Klebsiella pneumoniae	Gram - Opcional anaeróbio	Cavidades naturais, nomeadamente do tubo digestivo e das vias respiratórias superior.	Infecções nosocomiais e adquiridas na comunidade: broncopulmonares e do trato urinário. Meningite purulenta e sépsis...	ATCC 70603

II.3. Método experimental

II.3.1. Síntese mecânica de co-cristais

II.3.1.1. Moagem de líquidos (LAG)

A trituração assistida por líquido consiste em adicionar um pequeno volume de solvente à mistura PA/coformador para permitir a formação de um cocristal. O solvente actua como um catalisador, permitindo o estabelecimento das interações necessárias à co-cristalização (A. Thayyil et al 2020). Para preparar os vários cocristais utilizados neste trabalho, procedemos da seguinte forma:

Utilizando uma balança analítica Ohaus com uma precisão de $10^{(-4)}$ g, as massas de metronidazol e dos vários coformadores foram pesadas numa proporção estequiométrica de 1:1 (Quadro II.4). As massas pesadas m_1 e m_2 foram misturadas e trituradas por moagem húmida com um pilão e um almofariz durante 30 minutos, assistida pela adição de 1 ml de metanol. Uma vez sintetizadas, foram colocadas numa estufa para permitir a evaporação do solvente.

TabelaII.4. Massas m_1 e m_2 do metronidazol e dos vários coformadores.

Cocristais	Cocristal 1 (MTZ / Paracetamol)	Cocristal 2 (MTZ / Nicotinamida)	Cocristal 3 (MTZ / L. Leucina)	Cocristal 4 (MTZ / L. Prolina)	Cocristal 5 (MTZ / L. Arginina)
m1/n1 (mg/mmol)	52.5 / 0.3	52.5 / 0.3	73.7 / 0.8	137.3 / 0.8	136.6 / 0.8
m2/n2 (mg/mmol)	45.8 / 0.3	37.7 / 0.3	105.6 / 0.3	92.4 / 0.8	141.8 / 0.8

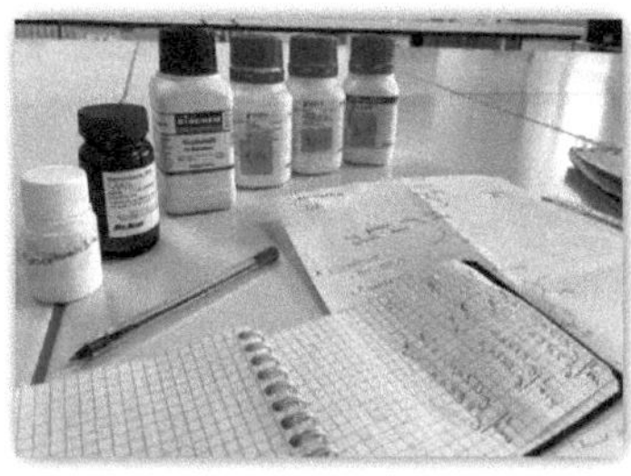

FiguraII.1. Cálculo das concentrações (Original,. 2023).

FiguraII.2. Moagem assistida por líquido LAG (Original,. 2023).

II.4. Caracterização de co-cristais

A cristalinidade desempenha um papel importante na estabilidade e no desempenho clínico dos cocristais farmacêuticos, e a caraterização de cocristais-alvo em sólidos é geralmente determinada por estas técnicas:

II.4.1 Calorimetria diferencial de varrimento DSC

A Calorimetria Exploratória Diferencial (DSC) é um método de medição da temperatura de uma superfície. A calorimetria é uma técnica de análise térmica utilizada para caraterizar alterações no estado, fase ou estrutura de um material. É utilizada para medir o fluxo de calor trocado por uma amostra e o forno relativamente a uma referência inerte em função da temperatura e do tempo, quando são submetidos ao mesmo programa de aquecimento ou arrefecimento (em que T varia linearmente com t). A diferença de temperatura é convertida numa diferença de fluxo de calor em mW. Com esta técnica, podemos identificar os fenómenos térmicos que um composto pode sofrer. Estes fenómenos podem ser reversíveis, como a fusão ou a recristalização, ou irreversíveis, como a degradação ou a reação química por aquecimento. Para efetuar a calorimetria diferencial de varrimento (DSC), utilizámos um aparelho Setaram 131 DSC (**Figura II. 3**) com cadinhos de alumínio de 30 µl de volume e termopares de platina. O tamanho da amostra foi de aproximadamente 1 a 2 mg. A análise foi efectuada numa atmosfera de azoto a uma taxa de aquecimento de 2°C/min, desde a temperatura ambiente (20°C) até 250°C. As temperaturas foram calibradas utilizando índio, que tem uma temperatura de fusão de 156,6°C e uma entalpia de fusão de 28,5 J/g.

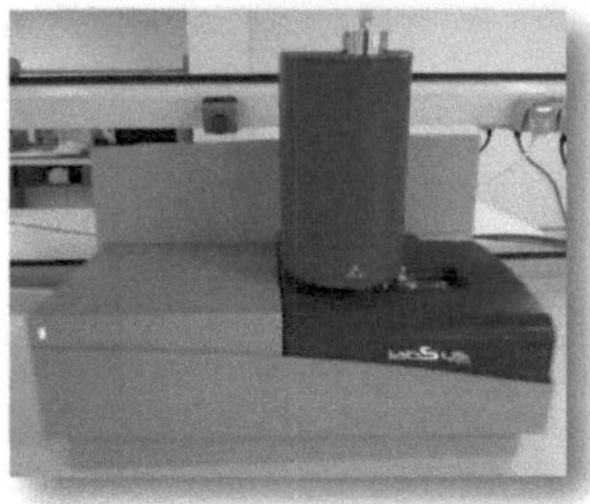

Figura II.3. DSC utilizado para medir o fluxo de calor (Original , 2023).

II.4.2. Difração de raios X

A difração de raios X é uma das análises físico-químicas utilizadas para caraterizar as redes cristalinas. Os raios X, como todas as ondas electromagnéticas, provocam uma deslocação da nuvem eletrónica em relação ao núcleo dos átomos; estas oscilações induzidas resultam na reemissão de ondas electromagnéticas da mesma frequência. Dependendo da direção no espaço, ocorre um grande ou pequeno fluxo de fotões de raios X, e estas variações de direção formam o fenómeno da difração de raios X. A lei de Bragg permite determinar a distância reticular Para a análise da difração de raios X, utilizámos um difratómetro EMPYREAN (**Figura II. 4**). Os raios X foram emitidos utilizando radiação Cu(Kα) à temperatura ambiente numa gama de 2 theta entre 2 e 50°, com um passo de 0,01° e uma velocidade de varrimento de 2°/min.

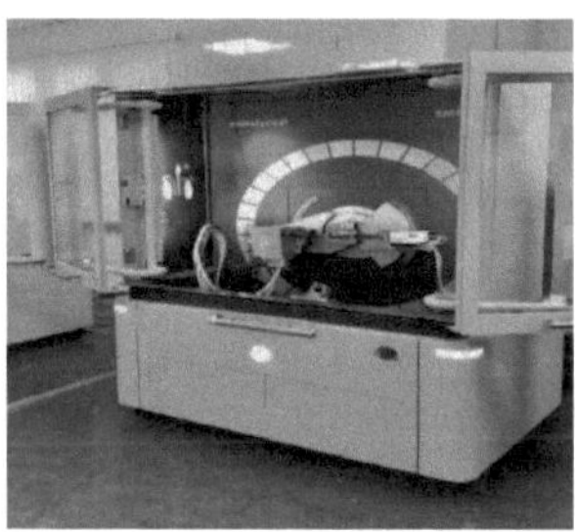

FiguraII.4. Difractómetro do tipo EMPYREAN (Original, 2023).

II.4.3. Microscopia eletrónica de varrimento SEM

A microscopia eletrónica de varrimento é uma técnica utilizada para visualizar o comportamento dispersivo de um material. O princípio consiste em varrer a superfície da amostra com um feixe muito fino de electrões que percorre a superfície ponto por ponto. Sob o impacto deste feixe de electrões acelerados, os electrões retrodifundidos e os electrões secundários emitidos pela amostra são recolhidos seletivamente por detectores que transmitem um sinal a um ecrã de raios catódicos cujo varrimento está exatamente sincronizado com o varrimento do objeto. Esta técnica permite-nos obter informações sobre a topografia, a morfologia e a composição da amostra. O equipamento utilizado é um microscópio eletrónico de varrimento ambiental SCIO2S da Thermo Fischer. A análise por microscopia eletrónica de varrimento mostra a forma e o tamanho das partículas obtidas à escala microscópica.

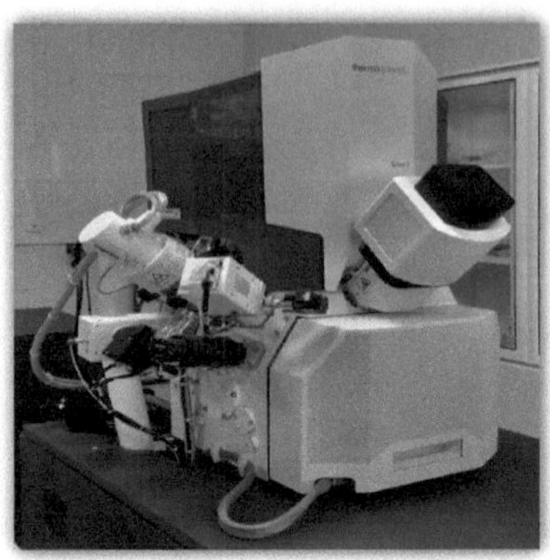

Figura II.5. Microscópio eletrónico de varrimento ambiental Thermo Fischer SCIO2S (Original, 2023).

II.4.4. Infravermelhos IR

A espetroscopia de infravermelhos é utilizada principalmente para estudar as interações entre moléculas, analisando o perfil do modo vibratório, ou seja, a posição, a largura e a intensidade das bandas espectrais. A posição do pico ou da banda não só indica a presença de um determinado grupo, como também dá uma boa ideia do ambiente que o afecta. É bem sabido que as forças intermoleculares devidas às interações de ligação de hidrogénio causam uma alteração notável em alguns dos modos vibracionais, tornando possível o estudo das interações. A formação de ligações de hidrogénio é de importância vital em muitos processos industriais e desempenha um papel central nos processos biológicos a nível molecular. A espetroscopia de infravermelhos desempenha um papel crucial no estudo das ligações de hidrogénio. Para confirmar a co-cristalização do nosso ingrediente ativo, realizámos uma análise de infravermelhos utilizando um espetrofotómetro Jasco FT/IR-4200, apresentado na **Figura II.6**.

FiguraII.6. Espectrofotómetro Jasco FT/IR-4200 (Original, 2023).

II.5. Determinação da atividade antibacteriana dos cocristais produzidos

II.5.1. Dissolução do ingrediente ativo puro e dos seus co-cristais em DMSO

Utilizando uma balança analítica do tipo Ohaus, pesámos massas bem definidas do ingrediente ativo puro e do cocristal (**Tabela II.5**). Os cocristais foram então dissolvidos em 5 ml de DMSO (Dimetilsulfóxido) e homogeneizados utilizando um agitador Vortex (**Figura 7**).

TabelaII.5. Massas do princípio ativo puro e dos cocristais.

Material pesado	Massa (mg)
Metronidazol puro	61
Cocristal 1	60
Cocristal 2	61.4
Cocristal 3	61.8
Cocristal 4	61.4
Cocristal 5	60.7

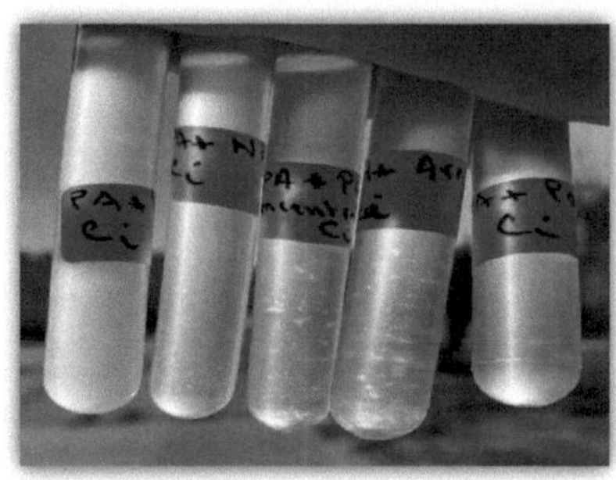

FiguraII.7. Dissolução de cocristais em DMSO (Original, 2023).

II.5.2 Preparação dos cocristais diluídos a 1/2, 1/5 e 1/10

Para obter uma gama de concentrações, diluímos a solução-mãe em três concentrações-filhas, ou seja, concentrações de 1/2, 1/5 e 1/10, respetivamente. Além disso, o controlo positivo também foi diluído. O mesmo volume (50µl) de DMSO (Dimetilsulfóxido) foi utilizado como controlo negativo. Os volumes que utilizámos são os seguintes: 1\2 : 25ul de cocristal bruto + 25µl de DMSO. 1\5 : 10ul de cocristal bruto+ 40µl de DMSO. 1\10 : 5ul de cocristal bruto+ 45µl DMSO. 50µl de cocristal bruto.

II.6. Estudar a atividade antibacteriana

A atividade antibacteriana foi avaliada através de dois métodos:

- O método de difusão em estado sólido, que consiste em observar a zona de inibição do crescimento bacteriano.
- O método de diluição líquida, que se baseia na determinação da concentração inibitória mínima (CIM) e da concentração bactericida mínima (CBM) dos co-cristais.

II.6.1. Método de distribuição em disco

II.6.1.1. Preparação da pré-cultura

Os testes antimicrobianos têm de ser efectuados em culturas bacterianas jovens, com 18 a 24 horas de idade e em fase de crescimento exponencial. As estirpes são regeneradas através da introdução das espécies bacterianas num meio de cultura (CM).

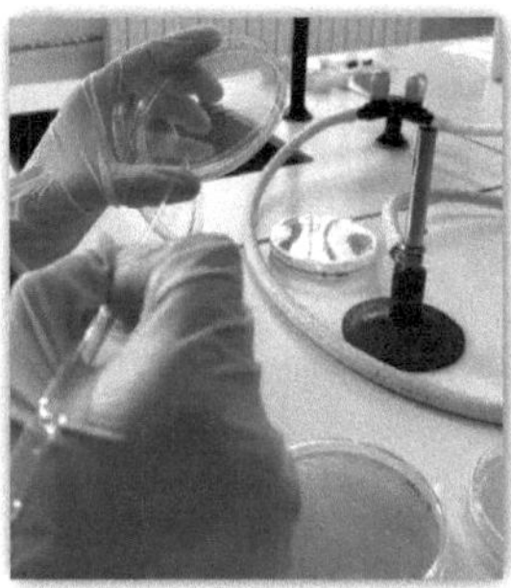

FiguraII.8. Replicação de estirpes bacterianas (Original, 2023).

II.6.1.2. Preparação da suspensão bacteriana

Depois de cultivar as bactérias em meio de ágar MH, selecionámos 3 a 5 colónias bem isoladas e idênticas. Estas foram transferidas para 5 ml de água fisiológica estéril e agitadas com um misturador vórtex. A suspensão bacteriana foi padronizada para uma concentração de 10^6 CFU, correspondendo a uma absorvância de 0,08-0,1 medida utilizando um espetrofotómetro UV a um comprimento de onda de 625 nm.

II.6.1.3. Semeadura

Preparar o MH de acordo com as instruções do fabricante e deixar arrefecer até à temperatura ambiente. Espalhar a suspensão bacteriana: Utilizando uma zaragatoa estéril, espalhar a suspensão bacteriana por toda a superfície do MFC. É importante assegurar uma distribuição homogénea. Incubação: Incubar as placas de Petri a 37 °C durante 24 horas para permitir o crescimento bacteriano.

II.6.1.4. Preparar os discos

Uma vez estabelecida a inoculação de bactérias no meio de cultura MH, o papel Wattman n.º 3 é colocado na superfície do ágar utilizando pinças esterilizadas, sendo depois embebido com 10 µl de cocristais brutos e diluído. Três discos embebidos de cada concentração foram colocados na mesma placa de Petri. As placas de Petri contendo todas as concentrações dos diferentes cocristais sintetizados foram incubadas a 37 C durante 24 horas. Uma vez terminada a incubação, os diâmetros de inibição das diferentes bactérias testadas são medidos com um paquímetro.

FiguraII.9. Preparação de discos embebidos em cocristal (Original, 2023).

II.6.2. Método de microdiluição em meio líquido

O método de microdiluição foi utilizado para determinar a eficácia antibacteriana dos cocristais de metronidazol num meio líquido. Foi utilizado para avaliar as concentrações bactericidas mínimas (CBM) e as concentrações inibitórias mínimas (CIM) para os cocristais utilizados neste trabalho.

II.6.2.1. Determinação da concentração inibitória mínima (CIM)

A CIM é a concentração mais baixa de antibiótico que inibe o crescimento visível após um período de incubação de 18 a 24 horas. É utilizada para definir a sensibilidade ou resistência das estirpes bacterianas aos antimicrobianos (Kalban et al, 2008).

II.6.2.2. Determinação da concentração bactericida mínima (CBM)

A concentração bactericida mínima (CBM) é a concentração de um agente antimicrobiano que não deixa mais de 0,01 germes sobreviventes. (Moroh et al, 2008). Esta é a concentração mais baixa necessária para matar as bactérias presentes numa cultura.

II.6.2.3. Preparação de microplacas

A CIM (Concentração Inibitória Mínima) dos microrganismos estudados foi avaliada numa microplaca estéril de 96 poços, utilizando uma única placa para cada Cocristal. Para o efeito, procedeu-se da seguinte forma (**Figura II.10**):

Os poços foram inoculados com 100 µl de caldo Mueller Hinton líquido, com exceção das filas (B, D, F e H), que foram deixadas vazias para evitar uma possível contaminação. Aos poços 1 a 6, foram adicionados 100 µl dos diferentes cocristais sintetizados. Os alvéolos 7 a 12 foram mantidos como controlo positivo utilizando o ingrediente ativo puro, o metronidazol. Foi efectuada uma diluição em série da ordem de 1/2 nos vários poços preenchidos. Um volume de 100 µl das quatro bactérias testadas neste trabalho, E.coli, P.aeroginosa, S.aureus e K.pneumoniae, foi adicionado aos poços em questão. O volume final: caldo, cocristal e bactérias é de 200 µl. Uma vez preparada a microplaca , a incubação durante 18 horas a 37°C é essencial para a leitura dos resultados esperados.

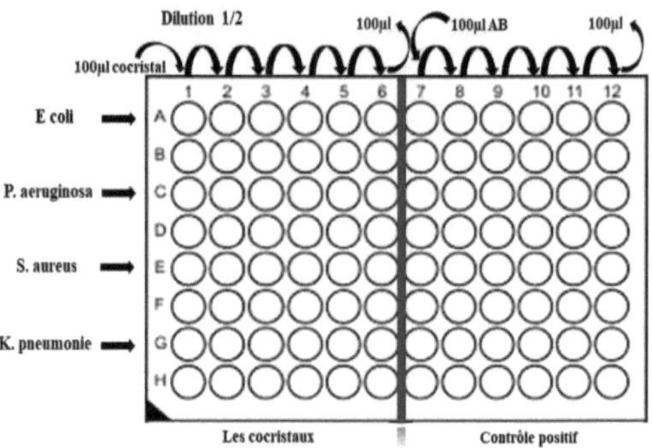

FiguraII.10. Preparação de microplacas (Original, 2023).

II.6.2.4. Revelar a atividade antibacteriana do cloreto de Iodonitrotetrazoluim (INT)

Uma vez terminada a incubação, foi adicionada uma solução de 0,2 mg/ml de cloreto de iodonitrotetrazólio (INT) ao conteúdo dos 48 poços. O Iodonitrotetrazólio desempenha o papel de um oxidante, actuando como um aceitador de electrões, e é reduzido por bactérias viáveis para produzir um produto colorido. Este reagente amarelo torna-se violeta-rosa após a redução pelas bactérias. É necessária uma segunda incubação de 30 minutos para avaliar a CIM. Após a incubação, as amostras dos poços não corados foram semeadas e incubadas durante 18 horas a 37°C para determinar a MBC.

CAPÍTULO III
RESULTADOS E DEBATES

III.1. Introdução

Neste capítulo, será efectuada uma discussão geral dos resultados obtidos. Trata-se da síntese, da caraterização e da avaliação da atividade antibacteriana dos cinco cocristais produzidos com base em interações não covalentes entre o metronidazol e os cinco coformadores selecionados.

III.2. Cocristais sintetizados

Os cocristais preparados por moagem húmida de metronidazol com os vários coformadores escolhidos de acordo com a sua estrutura química e não toxicidade, nomeadamente L-prolina, L-arginina, L-leucina, nicotinamida e paracetamol, sofreram uma mudança de cor (**figura III.1**) de branco para amarelo, esbranquiçado e castanho. Esta mudança é uma evidência visual que sugere uma possível mudança de fase durante a moagem, envolvendo a formação de novos compostos, com pontos de fusão diferentes daqueles dos compostos iniciais. Isto confirma o estabelecimento de interações físicas entre os heterossintões, tais como ligações de hidrogénio, forças de Van der Walls e interações π-π.

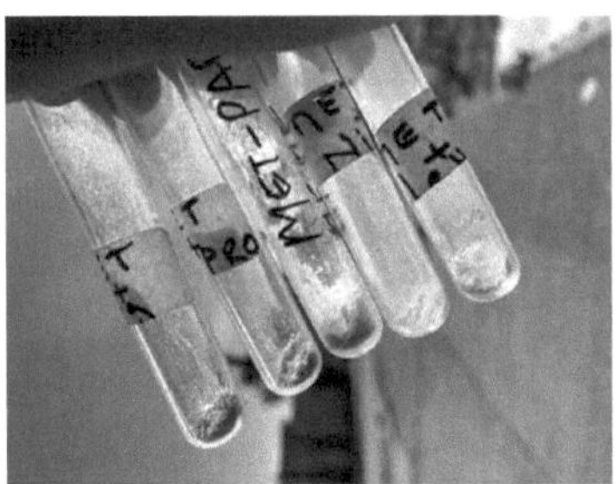

Figura III.1: Estado físico e cor dos pós dos diferentes cocristais sintetizados (Original, 2023).

III.3. Caracterização

III.3.1. Calorimetria Exploratória Diferencial (DSC)

Os termogramas obtidos por calorimetria diferencial de varrimento são apresentados na **Figura III.2**.

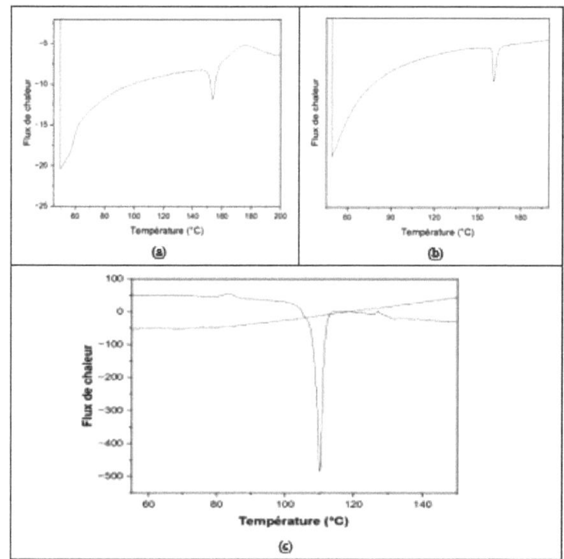

Figura III.2: Termogramas de alguns dos cocristais sintetizados: **(a)** cocristal 4, **(b)** cocristal 5, **(c)** cocristal 2.

Os termogramas mostram o seguinte:

• Mistura MTZ/Pro: formação de um co-cristal, resultando na presença de um único acidente

Tem um ponto de fusão térmico intermédio entre o das duas substâncias puras que compõem a mistura.

• Mistura MTZ/Arg: formação de um ponto eutéctico, o que se explica pela presença de único evento térmico com um ponto de fusão inferior ao dos corpos puros de partida.

• Mistura MTZ/Nic: formação de um ponto eutéctico com um ponto de fusão inferior ao dos dois componentes puros.

III.3.2. Análise XRD

A figura III.3 mostra os difractogramas do metronidazol e das duas misturas binárias metronidazol/nicotinamida.

A figura mostra que as misturas de metronidazol/nicotinamida produziram novos picos em 2θ = 14,38; 18; 25,5; 25,9; 28. Este facto indica a formação de uma nova fase cristalina.

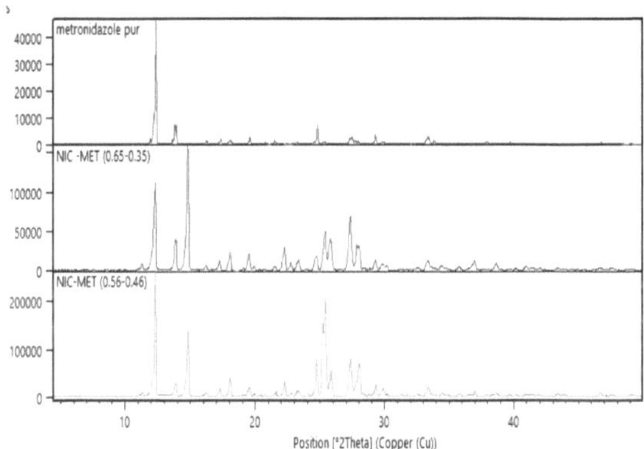

Figura III.3. Difractogramas do metronidazol e do cocristal 2.

III.3.3. Caracterização dos cocristais sintetizados por microscopia eletrónica de varrimento

A Figura III.4 mostra algumas micrografias SEM de metronidazol, L-Arginina, L-Prolina, cocristal 4 e cocristal 5.

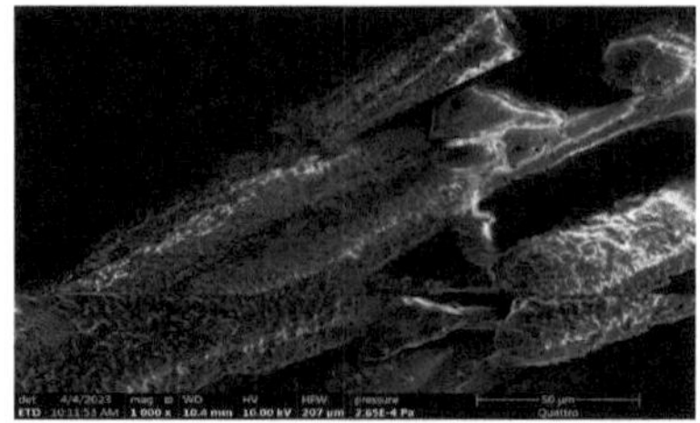

Metronidazol

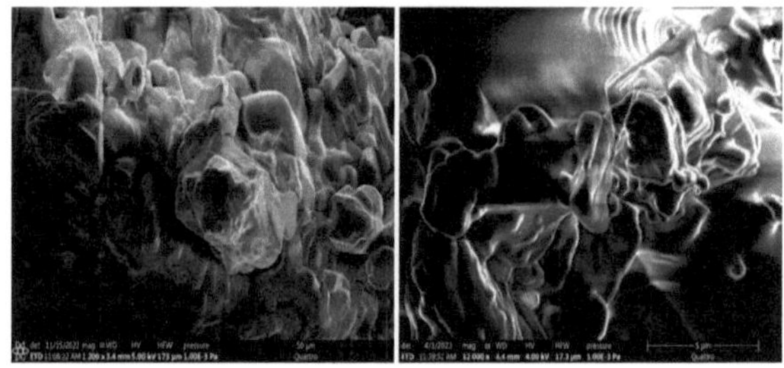

L-Arginina L-Prolina

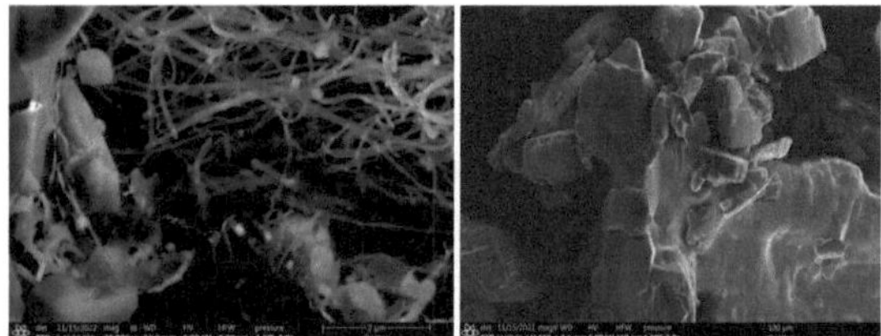

Metronidazol + L- Arginina

Metronidazol + L-Prolina Figura III.4: Morfologias de alguns cocristais sintetizados e dos seus corpos puros.

Estas micrografias mostram cristais de relevo e forma diferentes. No metronidazol puro foram observadas estruturas de plaquetas hexagonais e rectangulares, moderadamente aglomeradas. O co-cristal 4, correspondente à mistura binária equimolar metronidazol -L-prolina, apresenta uma morfologia de plaquetas de diferentes formas e tamanhos. A morfologia da mistura equimolar metronidazol-L-arginina que forma o co-cristal 5 apresenta-se sob a forma de As novas estruturas cristalinas caracterizam-se pela formação de bastonetes de diferentes dimensões numa fraca aglomeração. Estes resultados confirmam os obtidos por XRD, que mostram a formação de novas estruturas cristalinas, caracterizadas por um único acidente térmico.

III.3.4. Caracterização por FTIR

A espetroscopia de infravermelho é uma técnica eficaz para as interações intermoleculares em sólidos, tais como co-cristais e sais. Pode ser utilizada para determinar a natureza das interações, através das diferentes frequências devidas à vibração c alongamento das ligações estabelecidas pelos grupos funcionais dadores e aceitadores de protões. Para analisar alguns dos cocristais produzidos por moagem húmida, as amostras foram finamente moídas e misturadas com brometo de potássio. Os espectros foram registados com uma resolução de 2 cm^{-1}. Os espectros de infravermelhos dos cocristais 4 e 5 e dos seus corpos puros são **apresentados na Figura III.5**.

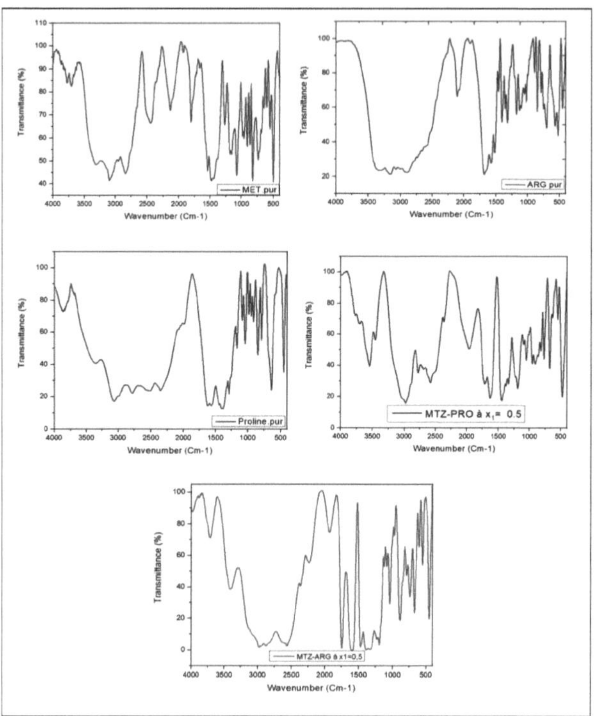

Figura III.5. Espectros de infravermelhos do metronidazol, da arginina, da prolina e das misturas binárias metronidazol/arginina e metronidazol/prolina.

Os espectros apresentados na (**Figura III.5**) mostram a presença de uma banda larga entre 3500 e 3300 cm^{-1}, indicativa da associação por vibração de valência do grupo OH intermolecular. Outra banda foi localizada para os diferentes espectros entre 3500 e 3100 cm^{-1}, indicando a vibração de valência do grupo NH intermolecular.

III.4. Determinação da atividade antibacteriana dos co-cristais de metronidazol

III.4.1. Atividade antibacteriana em meios sólidos

A atividade antibacteriana do controlo positivo (metronidazol), das diferentes combinações de PA/coformador em diferentes concentrações e do DMSO como solvente de solubilização utilizado como controlo negativo, foi avaliada em quatro estirpes bacterianas: Escherichia coli, Pseudomonas aeroginosa, Klebsiella pneumoniae e Staphylococcus aureus.

III.4.1.1. Resultados do controlo positivo

Foram efectuados antibiogramas na presença do controlo positivo, neste caso metronidazol puro a uma concentração de 60 mg/ml, sobre as quatro estirpes bacterianas. Os resultados obtidos, mostrados na figura III.6, revelam todos a presença de um halo de inibição do crescimento bacteriano, correspondendo a um diâmetro de inibição entre 6,92 e 13,81. A sequência de reatividade do controlo positivo é a seguinte

Klebsiella pneumoniae > Pseudomonas aeroginosa > Escherichia coli > Staphylococcus aureus

O Staphylococcus aureus é o microrganismo mais resistente ao metronidazol puro devido à baixa permeabilidade do agente bacteriano. Estes resultados estão de acordo com a literatura (N. Islam et al, 2022).

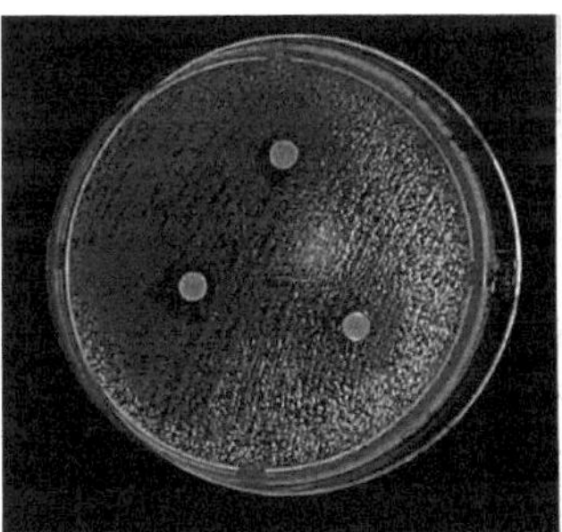

Pseudomonas aeroginosa

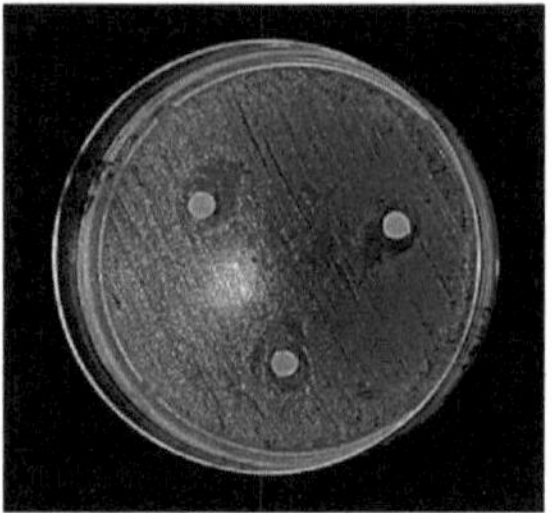

Klebsiella pneumoniae

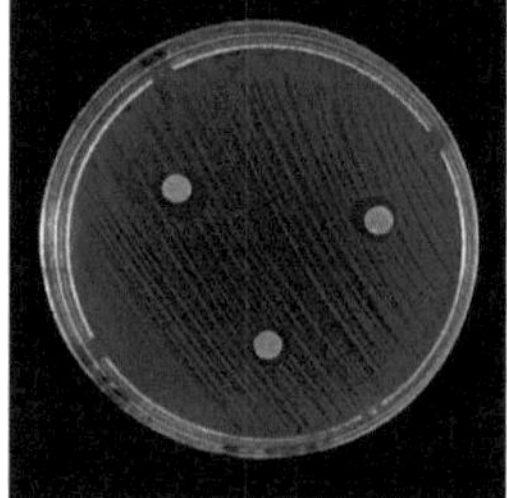

Echerichia coli

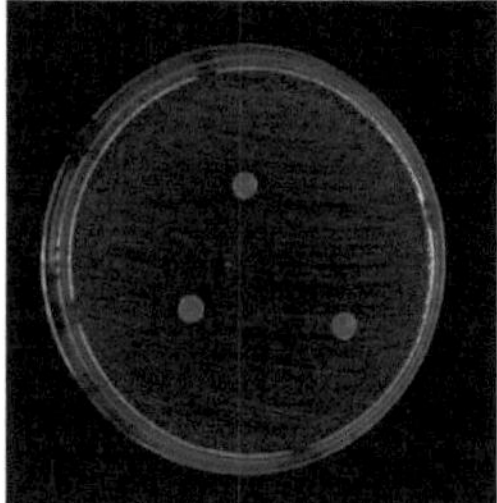

Staphylococcus aureus

Figura III.6. Efeito do controlo positivo sobre as quatro estirpes bacterianas testadas.

III.4.1.2.Resultados do controlo negativo

A Figura III.7 mostra que foi observada uma inibição do crescimento para o controlo negativo. O DMSO não teve qualquer efeito sobre o crescimento de qualquer bactéria em ágar. Isto confirma a escolha correta do solvente utilizado para a solubilização.

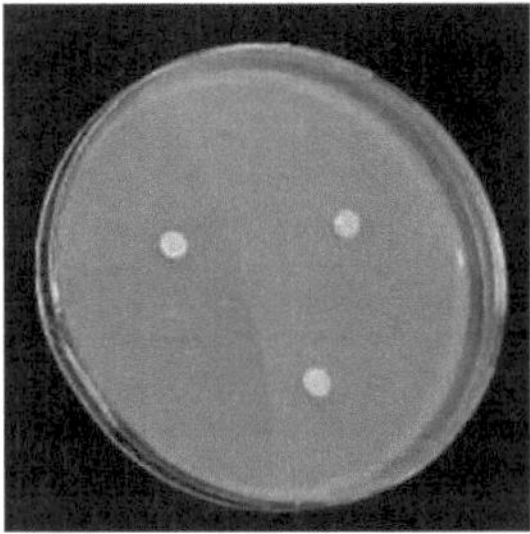

Pseudomonas aeroginosa

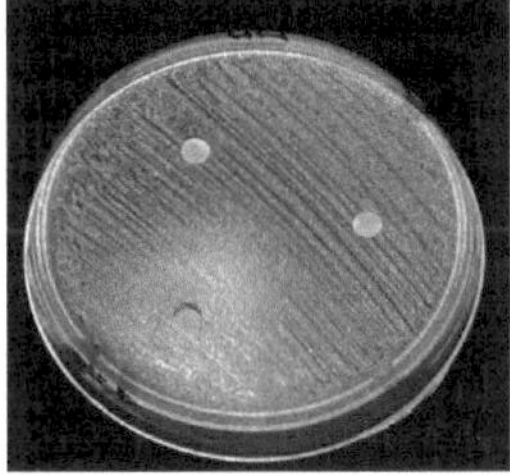

Klebsiella pneumoniae

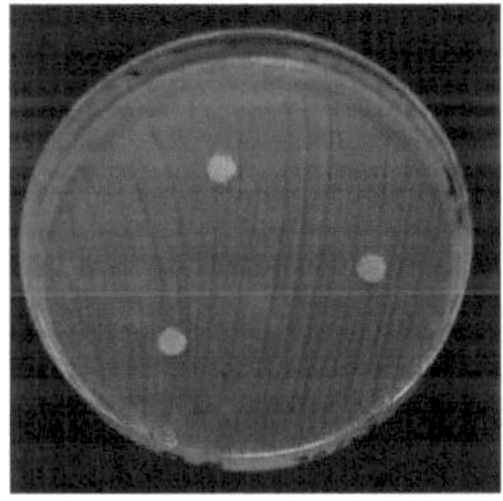

Echerichia coli

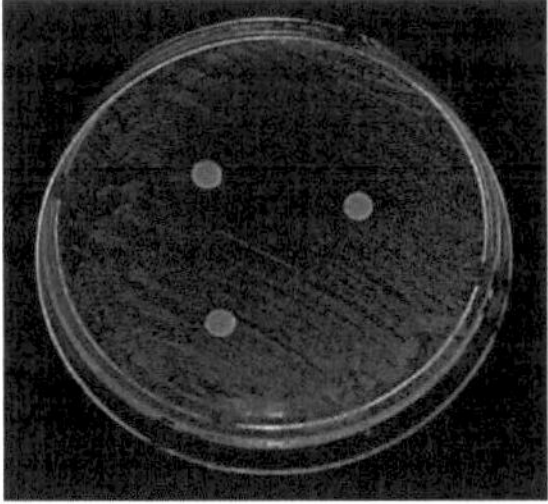

Staphylococcus aureus

Figura III.7. Efeito do controlo negativo sobre as quatro estirpes bacterianas testadas.

III.4.1.3. Resultados dos testes sobre o efeito antibacteriano dos cinco cocristais sintetizados

Os antibiogramas dos vários co-cristais brutos e diluídos estudados formados a partir da combinação físico-química PA/coformador estão resumidos na (**Tabela III.1**) e ilustrados na (**Figura III.8**).

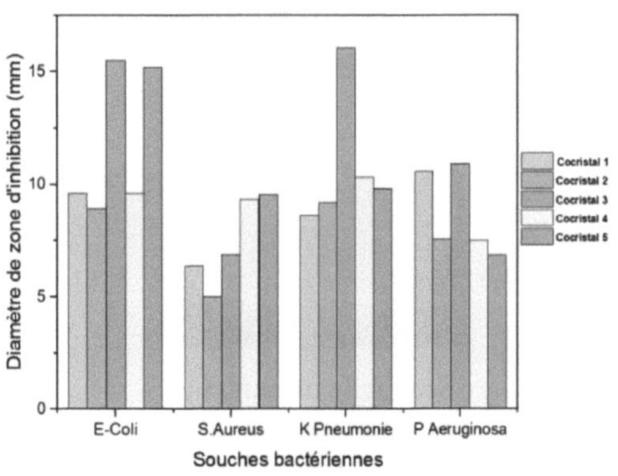

(a)

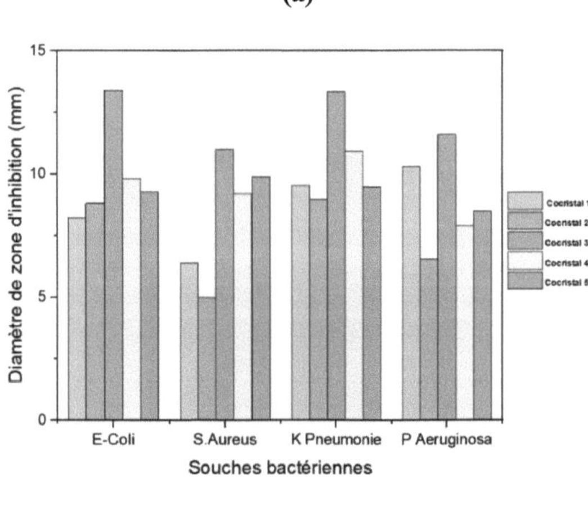

(b)

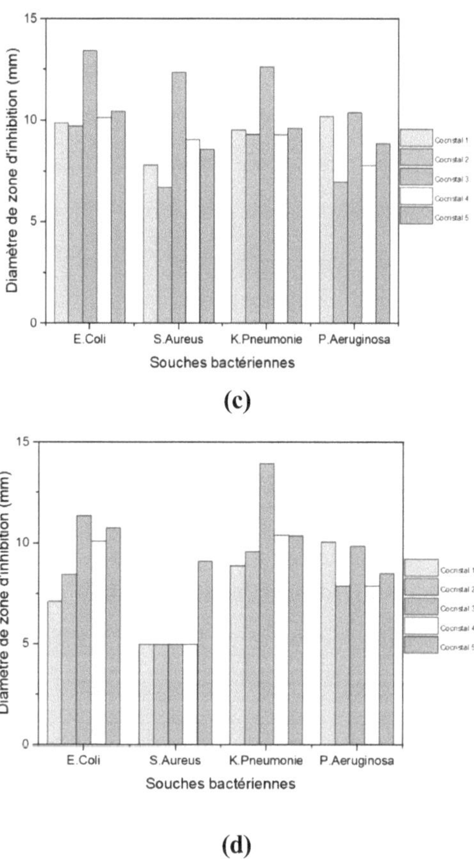

Figura III.8. Histogramas dos resultados do antibiograma para os cinco co-cristais em relação às estirpes bacterianas testadas: **(a)** Histograma comparativo dos cinco co-cristais brutos com uma concentração de C_0; **(b)** Histograma comparativo dos cinco co-cristais diluídos com uma concentração de $C_{(0)/2}$; **(c)** Histograma comparativo dos cinco co-cristais diluídos com uma concentração de $C_0/5$; **(d)** Histograma comparativo dos cinco co-cristais diluídos com uma concentração de $C_0/10$.

Os cinco cocristais sintetizados apresentaram diâmetros de inibição entre 6 e 16 mm. Estes valores foram obtidos por antibiograma de bactérias gram-negativas.

Estas auréolas de inibição podem ser explicadas pela estrutura química destes compostos e pela natureza das interações envolvidas na sua formação. Por exemplo, a maior potência antibacteriana foi registada para combinações de PA/aminoácidos, explicada pelo seu mecanismo de ação contra estes microrganismos. O metronidazol e os seus co-cristais actuam sobre o ADN, ligando-se às proteínas nucleicas destes microrganismos e inibindo a síntese proteica, o que leva à inibição ou morte do microrganismo. O histograma obtido a partir dos co-cristais de concentração C_0 (**figura III.8.a**) mostra uma elevada atividade antibacteriana do co-cristal obtido por interação metronidazol/L-leucina sobre bactérias gram-negativas. Apresenta um halo de inibição com um diâmetro que varia entre 9,85 e 16,05. A sequência de reatividade deste cocristal em relação às três estirpes de bactérias gram-negativas é a seguinte

Klebsiella pneumoniae > Escherichia coli > Pseudomonas aeroginosa

Staphylococcus aureus é uma estirpe resistente ao antibiótico puro e aos seus co-cristais. O histograma da Figura III.8.b ilustra a atividade antibacteriana dos co-cristais de concentração $C_{(0)/2}$. A partir deste histograma, podemos observar o seguinte:

- Os cocristais com aminoácidos como coformadores apresentaram a maior atividade antibacteriana na presença das quatro estirpes bacterianas testadas. Isto reflectiu-se nos diâmetros da zona de inibição que variaram de 7,9 a 13,34 mm.

- O valor mais baixo está relacionado com o efeito antibacteriano do cocristal 4 na estirpe bacteriana P.aeroginosa. O valor máximo corresponde à inibição causada pelo cocristal 3 na K.pneumoniae.

- O Staphylococcus aureus apresenta uma sensibilidade, correspondente a um halo de inibição de 11 mm de diâmetro, obtido na presença do cocristal 3 como agente bacteriano. Esta ligeira sensibilidade pode ser explicada pelas complementaridades estruturais e electrostáticas entre a leucina deste agente antibacteriano e as sequências de aminoácidos que constituem as proteínas do microrganismo.

Os efeitos antibacterianos dos cocristais sintetizados de concentração $C_0/5$ são mostrados no histograma da (**figura III.8.c**).

Os valores obtidos para os diâmetros da zona de inibição das diferentes actividades antibacterianas dos cinco agentes antibacterianos variaram entre 6,7 e 13,42 mm. A Escherichia coli, uma bactéria anaeróbia gram-negativa, é a mais sensível em comparação com o controlo positivo. Este efeito sinérgico pode dever-se quer à presença de azoto e oxigénio, dadores e aceitadores de protões capazes de interagir com o alvo bacteriano, quer ao aumento da permeabilidade do ingrediente ativo combinado, resultando numa maior atividade antibacteriana. Estes resultados estão de acordo com a literatura (N. Islam et al, 2022).O menor valor de diâmetro de 6,7 mm obtido pelo efeito do cocristal 2 sobre S.aureus pode ser explicado pela estrutura química deste agente antibacteriano, que é deficiente em grupos doadores e aceitadores de protões, reduzindo a possibilidade de interação com o alvo bacteriano.Na concentração de $C_0/10$, mostrada no histograma na (**figura III.8.d**), podemos deduzir que as estirpes bacterianas são sensíveis a moderadamente sensíveis. Os valores obtidos variam entre 7,1 e 13,93. S.aureus tem um efeito antagónico sobre o controlo positivo, em termos da sua resistência aos diferentes co-cristais.

Em conclusão

Os cocristais sintetizados neste trabalho actuam de forma semelhante sobre estirpes bacterianas específicas, ou seja, têm um efeito sinérgico sobre bactérias gram-negativas e um efeito antagónico sobre S.aureus, uma bactéria gram-positiva. A maior inibição, resultando em diâmetros elevados, é observada na presença do cocristal 3 como agente antibacteriano (figura III.9). As actividades antibacterianas dos restantes quatro cocristais são apresentadas em anexo.

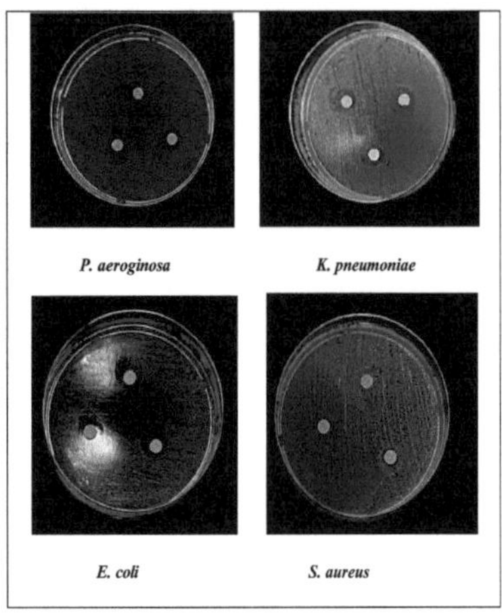

Figura III.9. Efeito do 3-cocrystal puro nas quatro estirpes bacterianas testadas.

III.5. Determinação das concentrações inibitórias e bactericidas mínimas (CIM) (CMB)

Após a determinação da atividade antibacteriana em meio sólido, revelou-se essencial um estudo complementar baseado na determinação da CIM e da CBM na presença do reagente colorido (INT). A CIM é definida como a concentração mais baixa que inibe o crescimento bacteriano e é avaliada por microdiluição em microplacas. Este processo revelou alguns poços transparentes e outros de cor rosa-violeta. Esta coloração é devida a uma concentração insuficiente do composto sintetizado para inibir o crescimento bacteriano, o que significa que as bactérias ainda estão vivas. Os resultados obtidos para a CIM e a CMO estão resumidos **na Tabela III.2** e apresentados na **Figura III.9**.

Tabela III.2: CIM (mg/ml) e CMO (mg/ml) obtidos pelo método de microdiluição para as quatro estirpes bacterianas.

Cocristais	Estirpes microbianas	CIM (mg/ml)	CMB (mg/ml)
	E. coli	3	>3
Cocristal 1	S. aureus	3	>3
	K. pneumonia	3	>3
	P. aeruginosa	3	>3
	E. coli	3.07	>3.07
Cocristal 2	S. aureus	1.535	>1.535
	K. pneumonia	0.38	6.14
	P. aeruginosa	3.07	>3.07
	E. coli	1.545	>1.545
Cocristal 3	S. aureus	3.09	>3.09
	K. pneumonia	1.545	>1.545
	P. aeruginosa	3.09	6.18
	E. coli	1.535	>1.535
Cocristal 4	S. aureus	3.07	>3.07
	K. pneumonia	3.07	>3.07
	P. aeruginosa	3.07	>3.07
	E. coli	3.04	>3.04
Cocristal 5	S. aureus	3.04	>3.04
	K. pneumonia	1.515	>1.515
	P. aeruginosa	3.04	>3.04

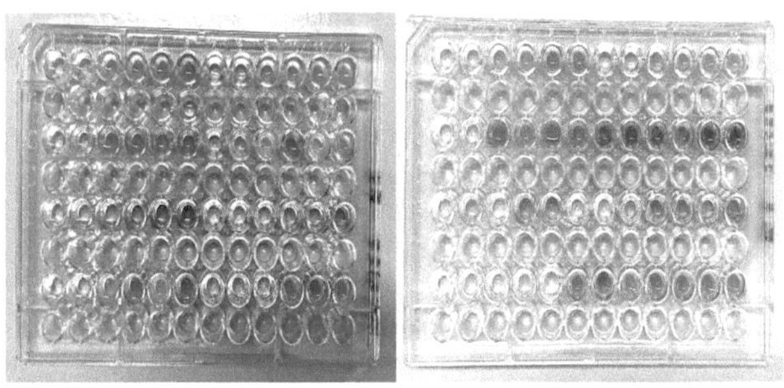

(a) (b)

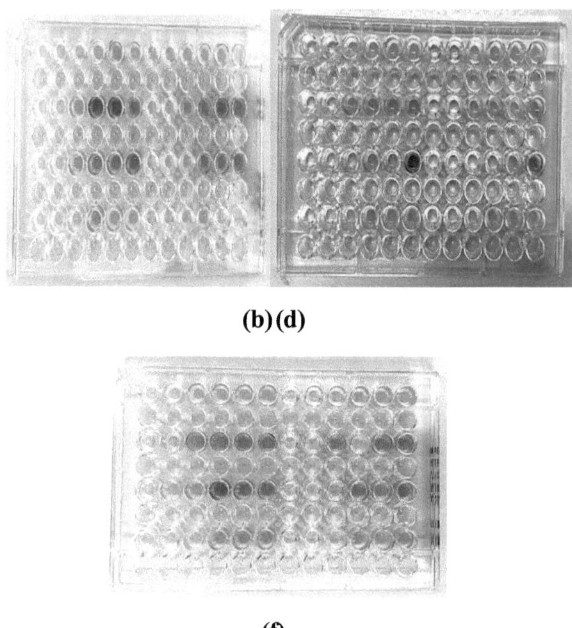

(b)(d)

(f)

Figura III.10. Determinação da CIM e da CBM dos cinco cocristais estudados contra as quatro estirpes microbianas: **(a)** cocristal 1, **(b)** cocristal 2, **(c) cocristal** 3, **(d)** cocristal 4, **(e)** cocristal 5.

De acordo com a literatura (N. Djabou et al, 2013), as bactérias são :

- Resistentes quando a sua CIM se situa entre 25 e 50 mg/ml;
- Moderadamente sensível (+) para um valor entre 3 e 12,5 mg/ml ;
- Sensível (++) para uma CIM entre 0,4 e 2 mg/ml ;
- Extremamente sensíveis quando a sua CIM é inferior ou igual a 0,2 mg/ml.

As concentrações mínimas de inibição avaliadas neste estudo variaram entre 0,38 e 3,09 mg/ml. As estirpes bacterianas testadas foram sensíveis a moderadamente sensíveis. As sequências de sensibilidade das bactérias são as seguintes:

- Agente antibacteriano metronidazol/paracetamol: todas as estirpes bacterianas testadas mostraram a mesma sensibilidade a este agente, com uma CIM de cerca de 3mg/ml. Em comparação com o metronidazol puro, este agente teve um efeito indiferente em E.coli e P.aeroginosa e um efeito antagónico em Staphylococcus aureus e K.pneumoniae.

- Agente antibacteriano metronidazol/Nicotinamida: A K. pneumoniae é a mais sensível, com uma CIM de cerca de 0,38 mg/ml. Trata-se de uma bactéria anaeróbia sensível aos antibióticos imidazólicos e seus derivados. Tem também um efeito sinérgico sobre P.aeroginosa, S.aureus e K.pneumoniae.
- Agente antibacteriano metronidazol/leucina: as bactérias gram-negativas são sensíveis a este agente, com uma CIM de 1,545 mg/ml. S. aureus, uma bactéria gram-positiva, não mostrou a mesma sensibilidade. Estes resultados estão de acordo com os obtidos utilizando o método de difusão em disco.
- Agente antibacteriano metronidazol/ prolina: A E. coli é a mais sensível com uma CIM de 1,54 mg/ml. Este efeito sinérgico explica o facto de o efeito antibacteriano deste agente ser melhor do que o do metronidazol puro. Por outro lado, tem um efeito antagónico sobre o estafilococo, uma bactéria que é geralmente resistente aos antibióticos imidazólicos.
- Agente antibacteriano metronidazol/arginina: Em comparação com o metronidazol puro, este agente tem um efeito indiferente sobre E. coli e P. aeroginosa e um efeito antagónico sobre S. aureus e K. pneumoniae.

A CBM permite-nos deduzir a natureza do antibiótico: é bactericida se esta concentração for igual à CIM ou se a relação CIM/CMB for inferior ou igual a 4. É bacteriostático quando a sua CBM é superior à CIM e a relação CIM/CMB> 4. Podemos deduzir dos nossos resultados que, nas concentrações tomadas, os nossos agentes antibacterianos se comportam como bacteriostáticos, com exceção dos cocristais 2 e 3, que são bactericidas a uma concentração de 6 mg/ml.

CONCLUSÃO

O ingrediente ativo escolhido para este estudo é o metronidazol, um antibiótico e antiparasitário da família dos 5-nitroimidazóis, ativo sobre as estirpes bacterianas anaeróbias. Este antibiótico foi co-cristalizado por combinação com diversas moléculas orgânicas sem efeito terapêutico e que actuam como coformadores. Entre elas, o paracetamol, a nicotinamida, a L-leucina, a L-prolina e a L-arginina. Uma série de cocristais sintetizados por moagem húmida do princípio ativo-coformador numa relação estequiométrica de 1:1 foram caracterizados por DSC, PXRD, SEM e FTIR. A atividade antibacteriana dos cocristais produzidos foi determinada por dois métodos complementares: o método de difusão em estado sólido e a microdiluição em microplacas, permitindo avaliar o diâmetro das zonas de inibição e as concentrações inibitórias e bactericidas mínimas, respetivamente. As estirpes bacterianas escolhidas foram Escherichia coli, Pseudomonas aeruginosa, Klebsiella pneumoniae e Staphylococcus aureus.Os resultados obtidos por calorimetria diferencial de varrimento mostram a existência de um único acidente térmico, explicado pela formação de um composto (cocristal ou ponto eutéctico) por interações físicas não covalentes. Estes resultados foram confirmados por PXRD com o aparecimento de novos picos, por SEM com a alteração da morfologia e por FTIR com o aparecimento de uma banda intensa a cerca de 3500 cm^{-1}, correspondente a ligações de hidrogénio intermoleculares.Os resultados da atividade antibacteriana obtidos pelos dois métodos utilizados são comparativos. A atividade antibacteriana dos cocristais foi avaliada in vitro pelo método de difusão em disco, para as quatro estirpes bacterianas testadas, seguindo a sequência de reatividade:

Klebsiella pneumoniae > Escherichia coli > Pseudomonas aeruginosa > Staphylococcus aureus

A partir destes resultados, podemos deduzir que os cocristais sintetizados neste trabalho actuam de forma semelhante em relação a estirpes bacterianas específicas, ou seja, apresentam um efeito sinérgico em relação a bactérias gram-negativas e um efeito antagónico em relação a Staphylococcus aureus, uma bactéria gram-positiva. O Cocrystal 3 é o agente bacteriano mais potente, com diâmetros de inibição entre 10 e 16 mm.

A determinação da CIM permitiu-nos deduzir que os co-cristais das combinações metronidazol/aminoácido e metronidazol/nicotinamida actuavam em sinergia com o princípio ativo puro na maioria das estirpes bacterianas testadas. Este resultado pode ser explicado pela natureza dos grupos funcionais presentes, que são estrutural e electrostaticamente complementares aos sítios activos no ADN das bactérias. O valor mais baixo da concentração mínima de inibição de 0,38 mg/ml foi registado na presença do agente antibacteriano metronidazol/ nicotinamida contra Klebsiella pneumoniae. A Klebsiella pneumoniae é uma bactéria anaeróbia sensível aos antibióticos imidazólicos e seus derivados. Os resultados obtidos na BMC mostram que, nas concentrações adoptadas, os nossos agentes antibacterianos se comportam como bacteriostáticos, com exceção dos cocristais 2 e 3, que são bactericidas a uma concentração de 6 mg/ml.

Olhando para o futuro

Poderão ser planeados outros estudos para explorar em maior profundidade alguns dos pontos levantados neste manuscrito.

Por conseguinte, seria interessante :

- Síntese de co-cristais de uma variedade de antibióticos, pertencentes a diferentes famílias e que actuam em diferentes alvos bacterianos, na presença de coformadores com diferentes estruturas químicas, para combater a propagação de estirpes bacterianas resistentes que estão constantemente a aumentar.

- Avaliar a sua solubilidade numa gama de solventes alternativos, como os líquidos iónicos.
- Determinar a sua atividade antibacteriana contra bactérias multi-resistentes.

REFERÊNCIAS

A

Aitipamula S, Banerjee R, Bansal AK, Biradha K, Cheney ML, Choudhury AR Polymorphs, salts, and cocrystals: what's in a name? 2012;12(5):2147-52.

B

Banerjee R, Bhatt PM, Ravindra NV, Desiraju G, projeto. Sais de sacarina de ingredientes farmacêuticos activos, suas estruturas cristalinas e solubilidades aumentadas em água. 2005;5(6):2299-309.

Bashimam M, El-Zein H. Co-cristais farmacêuticos de fármacos antibióticos: Uma revisão abrangente. 2022:e11872. Bauer J, Spanton S, Henry R, Quick J, Dziki W, Porter W. Ritonavir: um exemplo extraordinário de polimorfismo conformacional. 2001;18:859-66.

Berry DJ, Steed J. Pharmaceutical cocrystals, salts and multicomponent systems; interações intermoleculares e conceção baseada nas propriedades. 2017;117:3-24.

Billot P, Hosek P, Perrin M-A, Desenvolvimento. Purificação eficiente de um ingrediente farmacêutico ativo através da cocristalização: Da termodinâmica ao aumento de escala. 2013;17(3):505-11.

Biscaia IFB, Gomes SN, Bernardi LS, Oliveira P. Obtenção de cocristais pelo método de cristalização reacional: Aplicações farmacêuticas. 2021;13(6):898.

Bouskraoui M, Zouhair S, Soora N, Benaouda A, Zerouali K, Mahmoud M. Um guia prático para bactérias patogénicas. 2017.

Bučar D, Filip S, Arhangelskis M, Lloyd G, Jones. Vantagens da cocristalização mecanoquímica na química de pigmentos no estado sólido: cocristais de fluoresceína sintonizados por cor. 2013;15(32):6289-91.

C

Ceruelos AH, Romero-Quezada L, Ledezma JR, Contreras L. Utilizações terapêuticas do metronidazol e seus efeitos secundários: uma atualização. 2019;23(1):397-401.

D

Dangoumau J. Farmacologia geral. Edição 2006. 2006.

Djabou N, Lorenzi V, Guinoiseau E, Andreani S, Giuliani M-C, Desjobert J-M. Composição fitoquímica dos óleos essenciais de Teucrium da Córsega e atividade antibacteriana contra agentes patogénicos de origem alimentar ou toxi-infecciosa. 2013;30(1):354-63.

H

Hachem CY, Clarridge JE, Reddy R, Flamm R, Evans DG, Tanaka SK. Antimicrobial susceptibility testing of Helicobacter pylori comparison of E-test, broth microdilution, and disk diffusion for ampicillin, clarithromycin, and metronidazole. 1996;24(1):37-41.

I

Islam NU, Umar MN, Khan E, Al-Joufi FA, Abed SN, Said M, et al. Levofloxacin cocrystal/ salt with phthalimide and Caffeic acid as promising solid-state approach to improve antimicrobial efficiency. 2022;11(6):797.

K

Kaakoush NO, Asencio C, Mégraud F, Mendz G, quimioterapia. Uma base redox para a resistência ao metronidazol em Helicobacter pylori. 2009;53(5):1884-91.

Kablan B, Adiko M, Abrogoua D. Avaliação in vitro da atividade antimicrobiana de Kalanchoe crenata e Manotes longiflora utilizadas na oftalmia na Costa do Marfim. 2008;6(5):282-8.

Korotkova EI, Kratochvíl B. Pharmaceutical cocrystals. 2014;10:473-6. Kumar N, Rohilla RK, Roy N, Rawat D, letras mc. Síntese e avaliação da atividade antibacteriana de conjugados metronidazol-triazol. 2009;19(5):1396-8.

L

LA MJ-, Bahi C, Dje K, Loukou Y, Guede-Guina F. Estudo da atividade antibacteriana do extrato acético (ACE) de Morinda morindoides (Baker) milne-redheat (rubiaceae) no crescimento in-vitro de estirpes de Escherichia coli Estudo da atividade antibacteriana do extrato acético (ACE) de Morinda morindoides (Baker) milne-redheat (rubiaceae) no crescimento in-vitro de estirpes de Escherichia coli. 2008.

Li J, Hao X, Wang C, Liu H, Liu L, He X, et al. Melhorar a solubilidade, dissolução e biodisponibilidade do metronidazol através da cocristalização com galato de etilo. 2021;13(4):546.

N

Neurohr Cm. Elaboração de cocristais farmacêuticos por processos assistidos por CO2: Bordeaux; 2015.

R

Rediguieri CF, Porta V, Nunes DS, Nunes TM, Junginger HE, Kopp S. Monografias biológicas para formas de dosagem oral sólida de libertação imediata: metronidazol. 2011;100(5):1618- 27.

S

Singh M, Barua H, Jyothi VGS, Dhondale MR, Nambiar AG, Agrawal AK. Cocrystals by Design: A Rational Coformer Selection Approach for Tackling the API Problems. 2023;15(4):1161.

T

Thayyil AR, Juturu T, Nayak S, Kamath S. Co-cristalização farmacêutica: Aspectos regulamentares, conceção, caraterização e aplicações. 2020;10(2):203.

W

Whelan J, Hale J. Bactericidal activity of metronidazole against Bacteroides fragilis. 1973;26(6):393-5.

Y

Yaghoubi S, Zekiy AO, Krutova M, Gholami M, Kouhsari E, Sholeh M, et al. Tigecycline antibacterial activity, clinical effectiveness, and mechanisms and epidemiology of resistance: narrative review. 2021:1-20.

Z

Zheng K, Gao S, Chen M, Li A, Wu W, Qian S. Afinação da cor de um ingrediente farmacêutico ativo através da cocristalização: um estudo de caso de um cocristal de metronidazol-pirogalol.2020;22(8):1404-13.

Zheng K, Li A, Wu W, Qian S, Liu B, Pang Q. Preparação, caraterização, avaliação in vitro e in vivo do cocrilo metronidazol-ácido gálico.

ÍNDICE DE CONTEÚDOS

INTRODUÇÃO 1

CAPÍTULO I.. 3

CAPÍTULO II 12

CAPÍTULO III..27

CONCLUSÃO..44

REFERÊNCIAS 47

Printed by Books on Demand GmbH, Norderstedt / Germany